鬥智擂台

金牌語文大比拼

大比拼

字詞及成語篇

金暘　編著

U0106278

新雅文化事業有限公司
www.sunya.com.hk

鬥智擂台
金牌語文大比拼：字詞及成語篇

編　　著：金暘
繪　　圖：米家文化
責任編輯：潘曉華
美術設計：黃觀山
出　　版：新雅文化事業有限公司
　　　　　香港英皇道 499 號北角工業大廈 18 樓
　　　　　電話：(852) 2138 7998
　　　　　傳真：(852) 2597 4003
　　　　　網址：http://www.sunya.com.hk
　　　　　電郵：marketing@sunya.com.hk
發　　行：香港聯合書刊物流有限公司
　　　　　香港荃灣德士古道 220-248 號荃灣工業中心 16 樓
　　　　　電話：(852) 2150 2100
　　　　　傳真：(852) 2407 3062
　　　　　電郵：info@suplogistics.com.hk
印　　刷：中華商務彩色印刷有限公司
　　　　　香港新界大埔汀麗路 36 號
版　　次：二〇二二年七月初版

原書名：《中國少年兒童智力挑戰全書：金牌語文‧奇趣漢語》
本書經由浙江少年兒童出版社有限公司獨家授權中文繁體版在
香港、澳門地區出版發行。

ISBN: 978-962-08-8064-3

輕輕鬆鬆，
邊玩邊學語文！

從小打好語文基礎非常重要，可是死記硬背的方法實在枯燥無味，容易令小朋友對學習語文卻步。

其實學習語文的方法可以很有趣。《金牌語文大比拼》系列共有2冊，每冊設計了三道挑戰關卡，分別考考小朋友對字、詞語、成語，以及詩歌、諺語、文化知識的認識。

為了增加遊戲的趣味，每關再細分不同的挑戰難度和限時思考，除了有助提升小朋友的語文能力外，還可訓練邏輯、觀察、理解、聯想、記憶等多項能力。相信通過本書的遊戲，小朋友會發現語文學習真好玩！

目錄

第 2 關
多變的詞語

第 3 關
有趣的成語

▶▶▶▶ 小朋友，馬上來挑戰

本書的遊戲關卡吧！ ▶▶▶▶

第 1 關

奇妙的漢字

001 最早的漢字

我們的祖先最早創造漢字的時候，
是仿照事物本身的樣子畫出來的。
下面所看到的，都是最古老的漢
字，你能猜出它們是哪些字嗎？

難度 ★☆☆☆☆

能力 （邏輯）（觀察）（理解）

（聯想）（記憶）

限時
1分鐘

002 齊來加加看

有些漢字如果和別的漢字拼在一起，會變成另一個漢字，這就是漢字的加法。小朋友，請你動動腦筋，完成下面的算式吧。

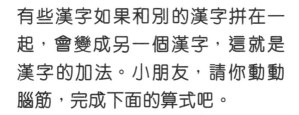

日 ＋ ☐ ＝ 明

免 ＋ 力 ＝ ☐

木 ＋ ☐ ＋ 心 ＝ 想

11

003 看圖識字

下面漢字的某個部分被換成了相應的圖畫，你知道它們原本是什麼字嗎？

12

難度 ★ ☆ ☆ ☆ ☆

能力　邏輯　觀察　理解

聯想　記憶

限時
1分鐘

004　戴帽子的漢字

漢字也跟人類一樣愛漂亮。下面是戴了不同帽子的漢字，你知道它們原來的樣子嗎？

店　冤　花

安　企

005 大家族

形聲字是漢字中最大的一個家族。下面是一個同心圓,上面寫了同族的字,請把它們共同的部分找出來。

橋
嶠
嬌
轎
僑
蕎
驕
轎
?

難度 ★☆☆☆☆

能力 （邏輯）（觀察）（理解）
（聯想）（記憶）

限時
1分鐘

006 走失的漢字

漢字村最近遺失了居民名冊，那是按部首來分類登記的。請你回憶一下所認識的漢字，幫村民重新登記。

部首　　　　　漢字

艸：藍、☐、蒼、☐

氵：湖、☐、☐、汗

亻：休、住、☐、☐

007 漢字的減法

小朋友，數學的減法你已學會了，但是漢字的減法你見過嗎？試試解答下面的題目吧。

張 － 長 = ☐

婷 － 女 = ☐

努 － 力 = ☐

難度 ★☆☆☆☆

能力 （邏輯）（觀察）（理解）
（聯想）（記憶）

限時
1分鐘

008 討厭的烏雲

下面一些文字被飄來的烏雲遮住了身體的一部分，你能幫它們趕走烏雲，恢復它們原來的樣子嗎？

009 圖文配對

請仔細觀察下面各圖，在 ☐ 內
填上對應的字。

厚　長　曲　直　短　薄

1  ☐ ☐

2  ☐ ☐

3  ☐  ☐

難度 ★☆☆☆☆

能力 （邏輯）（觀察）（理解）
　　 （聯想）（記憶）

限時
1分鐘

010 看圖識字

請仔細觀察下面各圖，在 ☐ 內
填上對應的字。

1

☐

2

☐

3

☐

4

☐

011 畫中字

下圖藏了一個字，你能猜出來嗎？

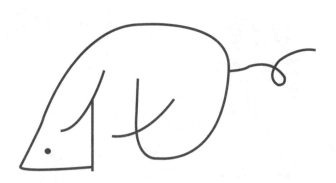

難度 ★☆☆☆☆

能力　邏輯　觀察　理解
　　　聯想　記憶

限時
1分鐘

012　漢字加減法

- - - - - - - - - - - - - - - - - - - -

請完成下面的漢字算式。

車 ＋ 口 ＋ 耳 ＝ ☐

賀 ＋ 口 － 貝 ＝ ☐

墅 － 土 － ☐ ＝ 予

言 ＋ 五 ＋ 口 ＝ ☐

013 漢字圓環

下面有些漢字圓環，請把它們配對起來，組成三個新的漢字。每個漢字只能配一個漢字啊！

白 •　　• 支

羽 •　　• 日

立 •　　• 王

難度 ★★★★★

能力 （邏輯）（觀察）（理解）
（聯想）（記憶）

限時
1分鐘

014 一字多音

「少」字有兩個讀音，一個是「多少」的「少」，另一個是「少年」的「少」。下面哪些字是多音字呢？

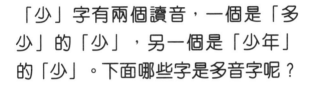

假期 / 真假

和睦 / 應和

冬天 / 天氣

長短 / 成長

015 文字雙胞胎（一）

文字村裏有很多雙胞胎，它們長得很相似，常常被認錯。請仔細分辨下面的雙胞胎，把正確搭配的那個圈出

贊 / 讚 成

辦 / 辨 法

書 籍 / 藉

根 / 跟 據

24

難度 ★★☆☆☆

能力 （邏輯）（觀察）（理解）
　　　（聯想）（記憶）

限時
1分鐘

016 文字雙胞胎（二）

下面還有其他雙胞胎，請把正確搭配的那個圈出來。

末 / 未 （來）

（和）藹 / 藹

（好高）驚 / 鶩 （遠）

（拾金不）昧 / 味

017 猜猜謎（一）

下面的字謎，你能猜出來嗎？

大雪小雪沒有雪，

大寒小寒沒有寒。

（猜一字）

猜對了嗎？去第 33 頁挑戰難一點的吧！

難度 ★★☆☆☆

能力 （邏輯）（觀察）（理解）
（聯想）（記憶）

限時
1分鐘

018 文字捉迷藏

文字有的時候也很調皮，經常把自己藏到不同的地方，變成另一個字。小朋友，你能通過比較，從下面幾組文字中找出哪個在玩捉迷藏嗎？

例 想 / 睛

塊 / 坐　　慌 / 芒

期 / 望　　燒 / 灰

019 自由組合

下面有很多文字部件，請每次從中挑選兩個部件，看看你能組成多少個漢字。

亻　　每　　十　　木

心　　子　　氵　　宀

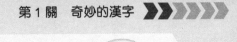

難度 ★★☆☆☆

能力 （邏輯）（觀察）（理解）
（聯想）（記憶）

限時
2分鐘

020 分班別

今年漢字學校開設了三個班別，根據新生們的特質，分為「亻」、「⺮」、「扌」班。下面是每個課室裏的學生，它們分別是哪個班別的？（提示：每個新生都可以跟自己的班別組成一個漢字）

班別　　　　　　　學生

 班：立、白、包、巴、少

 班：付、同、官、由、寺

 班：也、二、中、子、主

021 走迷宮

下面是一個文字迷宮，只有沿着含有「走」字的字前行，才能找到出口。小朋友，開始冒險吧！

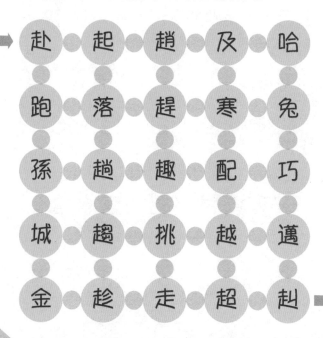

➡ 赴 - 起 - 趙 - 及 - 哈

跑 - 落 - 趕 - 寒 - 兔

孫 - 趟 - 趣 - 配 - 巧

城 - 趨 - 挑 - 越 - 邁

金 - 趁 - 走 - 超 - 赳 ➡

難度 ★★☆☆☆

能力 邏輯 觀察 理解 聯想 記憶

限時 2分鐘

022 唯一的出口

在下面的文字地圖中,上方的都是部首。請按照逢彎必轉的規則,找出能與該部首配對的字,把它們組成一個漢字。

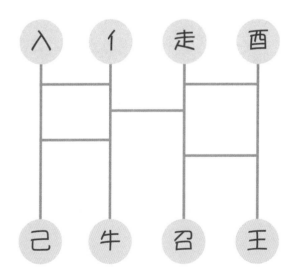

023 疊羅漢

下面的漢字愛玩疊羅漢。試一試，你能完成多少？

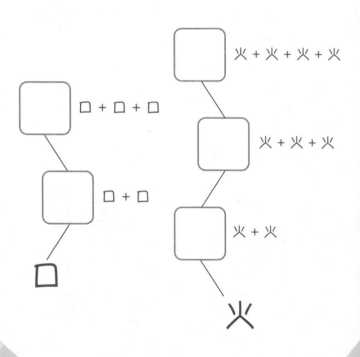

□ + □ + □

□ + □

□

火 + 火 + 火 + 火

火 + 火 + 火

火 + 火

火

難度 ★★☆☆☆

能力 （邏輯）（觀察）（理解）

（聯想）（記憶）

限時
2分鐘

024 猜猜謎（二）

- - - - - - - - - - - - - - - - - - - -

下面有兩個字謎，來猜猜看吧！

一對明月，完整無缺，
落到山下，四分五裂。

（猜一字）

一邊大，一邊小，
一邊跑，一邊跳。

（猜一字）

025 火柴拼字

下面有五根火柴，你能拼出八個漢字嗎？請留意，火柴只能作橫、豎兩種筆畫，四、井、人等有撇、捺筆畫的不計算在內啊！

難度 ★★★☆☆

能力 （邏輯）（觀察）（理解）
（聯想）（記憶）

限時
2分鐘

026 化裝舞會

漢字大家族舉行了一次化裝舞會，舞會的要求是：移動自己身上的某一筆畫，把自己打扮成另一個漢字。請你幫下面的字打扮一下吧。

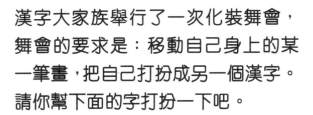

八　本　牛　工　汗

石　乒　力

027 一個奇怪的字

有個字很奇怪，砍掉左邊是樹，砍掉右邊也是樹，砍掉中間還是樹，只有不砍不是樹。猜猜看，這是什麼字呢？

難度 ★★★☆☆

能力 （邏輯）（觀察）（理解）
（聯想）（記憶）

限時
2分鐘

028 文字三級跳

有些字加一筆成了另一個字，再加一筆又變成了另一個字。例如「一」字加一筆變成「二」，再加一筆變成「三」。按照這樣的規則，你能幫下面的文字完成三級跳嗎？

口　大　土

029 門上的字

從前有個人，要去拜訪一位大畫家。當他走到那位大畫家的家門前，發現上面寫了一個「心」字，他想了想，轉身就走了。過了幾天，他又來到大畫家的家，發現門上的「心」字換成了「月」字。他非常高興，趕緊上前去敲門。小朋友，你知道這是為什麼嗎？

心　　　月

難度 ★★★☆☆

能力 （邏輯）（觀察）（理解）
（聯想）（記憶）

限時
1分鐘

030 男女有別

有些漢字跟人一樣，也有性別。在下面的字中，哪些是形容男性的，哪些是形容女性的？

父　母　鴛　鴦

陰　陽　夫　妻

鳳　凰　她　他

031 米字格的秘密

下面是一個大家熟悉的米字格，你知道嗎？它裏面其實藏了很多漢字呢！仔細看一看，你能找出幾個？

（提示：包括包裹米字的方格啊！）

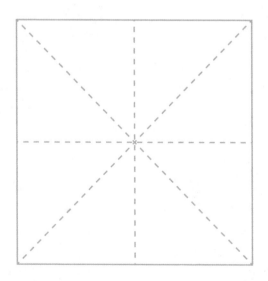

難度 ★★★☆☆

能力 (邏輯) (觀察) (理解)
(聯想) (記憶)

限時
2分鐘

032 「三」的秘密

在漢字中，同一個字在不同的語境中表示的意思可能截然不同。下面這些「三」字，到底表示多還是少呢？

(1) 三顧草廬　　(2) 入木三分

(3) 一波三折　　(4) 三言兩語

(5) 三分似人，七分似鬼

033 文字醫院

有些字雖然發音相同，長得也很相似，可意義卻完全不一樣。要是錯了，就要進文字醫院啦。下面哪些是錯別字呢？請把它們找出來吧。

竟爭

按裝

練習薄

安祥

中國工夫

迫不急待

難度 ★★★★☆

能力　邏輯　觀察　理解
　　　聯想　記憶

限時
3分鐘

034 筆畫的奧秘（一）

下面有兩個漢字，雖然同樣包含「點」的筆畫，但那個「點」的含義卻各不相同，你能猜出來嗎？

雨　哭

猜對了嗎？去第 46 頁挑戰難一點的吧！

035 共同的朋友

如果兩個漢字組合起來，可以成為另一個漢字，那麼這兩個漢字就能成為好朋友。下面的漢字都有一個共同的好朋友，你知道它是誰嗎？

（提示：那個好朋友共有三畫。）

力　穴

貝　月

難度 ★★★★☆

能力 （邏輯） （觀察） （理解）
（聯想） （記憶）

限時
3分鐘

036 新朋友的名字

張明軒認識了一位新朋友，那位新朋友的名字藏在下面的謎語裏，請你猜出謎底吧！

> 姓氏：高叔叔的頭，
> 　　　李叔叔的腳，
> 　　　鄭叔叔的耳朵。

> 名字：一個字，長得怪，
> 　　　兩個頭，六張嘴，
> 　　　還有兩條小短腿。

037 筆畫的奧秘（二）

猜猜看，下面這個字的每一個部分
都代表什麼意思呢？

難度 ★★★★★

能力 （邏輯） （觀察） （理解）
（聯想） （記憶）

限時
4分鐘

038　漢字易容術

漢字易容術的方法是：把身上某個部分去掉，換上新的部分，變成另一個漢字。小朋友，「漸」字可以易容成哪些樣子呢？

（提示：嘗試把中間部分易容，也可去掉左邊，在上方和下方分別換上新的部分。）

039　猜燈謎

元宵節的晚上，小勇和媽媽一起去看花燈，猜燈謎。猜對了，就能免費得到一盞花燈。小勇喜歡的那盞兔子花燈上寫着：

去掉上面是字，

去掉下面是字，

去掉中間是字，

去掉上下還是字。

如果你是小勇，你能順利地解謎，拿到兔子花燈嗎？

難度 ★★★★★

能力　(邏輯)　(觀察)　(理解)　(聯想)　(記憶)

限時
4分鐘

040　水的困惑

「水」字原來有很多兄弟，它們長什麼樣子呢？請根據提示找出答案。

例　一滴水　　太

兩滴水　　☐

三滴水　　☐

十滴水　　☐

十一滴水　☐

難度 ★★★★★

能力 （邏輯） （觀察） （理解）
（聯想） （記憶）

限時
5分鐘

041 漢字之最

你認識多少漢字之最呢？來試試看吧！

筆畫最少的漢字：

＿＿＿＿＿＿＿＿＿＿＿＿＿＿

組成漢字最多的部首：

＿＿＿＿＿＿＿＿＿＿＿＿＿＿

難度 ★★★★★

能力　邏輯　觀察　理解　聯想　記憶

限時
5分鐘

042 跟玉有關的字

小美跟着媽媽去博物館，看到了各種各樣的玉。下面幾張圖是小玉回家後畫的，你能根據它們的特點與對應的名字連起來嗎？

環　玦　璜　璧

①

②

③

④

043 找規律

下面的字按照一定的規律排序，請補上欠缺的文字。

寸 仁 王 □ 吾 冥 托

第 2 關

多變的詞語

044 換位子（一）

- - - - - - - - - - - - - - - - - - - -

下面的詞語十分頑皮，名詞跑到了
量詞前面，數詞又躲到一邊去。小
朋友，詞語換位後，你有沒有發現
一件有趣的事呢？

數詞　量詞　名詞

一　（杯）　茶 _____

一　（條）　線 _____

一　（盆）　花 _____

一　（件）　事 _____

難度 ★☆☆☆☆

能力 （邏輯）（觀察）（理解）
　　　（聯想）（記憶）

限時
1分鐘

045 換位子（二）

下面的詞語也換位子了，它們會變成什麼樣子呢？

數詞	量詞	名詞	
一	（間）	房	＿＿＿＿＿＿
一	（張）	紙	＿＿＿＿＿＿
一	（粒）	米	＿＿＿＿＿＿
一	（輛）	車	＿＿＿＿＿＿

046 動物的叫聲

下面是四種動物叫聲的象聲詞。小朋友，你知道有哪些動物嗎？

咩咩咩

汪汪汪

哞哞哞

呱呱呱

難度 ★☆☆☆☆

能力 （邏輯）（觀察）（理解）
（聯想）（記憶）

限時
1分鐘

047 四季分明

下面是形容春、夏、秋、多的用語。小朋友，你能根據四季的特色，把它們配對正確嗎？

赤日炎炎 ☐

冰天雪地 ☐

橘黃蟹肥 ☐

桃紅柳綠 ☐

048 填詞遊戲（一）

- -

小朋友，一起來玩填詞遊戲吧！

例 優美的 <u>旋律</u> 。

茂密的 _____

飛快地 _____

認真地 _____

高興得 _____

難度 ★ ★ ★ ★ ★

能力 (邏輯) (觀察) (理解) (聯想) (記憶)

限時 1 分鐘

049 填詞遊戲（二）

下面還有更多填詞遊戲呢，快來玩玩吧！

晶瑩的 ＿＿＿＿＿＿＿＿＿

輕輕地 ＿＿＿＿＿＿＿＿＿

緊張得 ＿＿＿＿＿＿＿＿＿

難過得 ＿＿＿＿＿＿＿＿＿

050 笑和哭

試試把下面的詞語分類吧！表示笑的詞語，請連線到紅色的圓圈；表示哭的詞語，請連線到藍色的圓圈。

笑逐顏開 •

梨花帶雨 •

喜極而泣 •

　• 笑

哽咽 •

泣不成聲 •

　• 哭

滿面春風 •

難度 ★★★★★

能力 （邏輯） （觀察） （理解）

（聯想） （記憶）

限時
1分鐘

051 連連看

關聯詞在句子中有起承轉合的重要作用。下面有幾組關聯詞，你能找到它們各自的搭檔嗎？

只要 •	• 都
不論 •	• 就
雖然 •	• 才
只有 •	• 而且
不但 •	• 但是

052 「動作」一族

詞語俱樂部裏站着很多詞語，當音樂響起時，只有描寫動作的詞語才能翩翩起舞，你能把它們找出來嗎？

知音　　　整齊　　　粉絲

眼淚　　拔腿就跑　　衣衫襤褸

躡手躡腳　　氣喘吁吁

難度 ★★☆☆☆

能力　(邏輯)　(觀察)　(理解)
　　　(聯想)　(記憶)

限時
1分鐘

053　年紀多大了

下面是表示年齡的詞語，請從詞語
出發，按照逢彎必轉的規則，看看
它們用來代表哪個年齡吧。

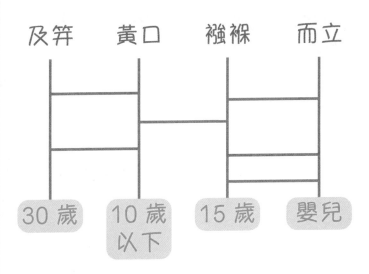

及笄	黃口	襁褓	而立

| 30 歲 | 10 歲以下 | 15 歲 | 嬰兒 |

054 找出好人

不好了！貶義詞混進褒義詞裏去了！請你仔細分辨，找出所有褒義詞吧！

見利忘義

貪生怕死

克己奉公

赤膽忠心

賣國求榮

兩袖清風

恬不知恥

永垂不朽

難度 ★★☆☆☆

能力　（邏輯）（觀察）（理解）

（聯想）（記憶）

限時
2分鐘

055 一詞多義

有一天，爸爸帶小珠去船舶博物館參觀。爸爸說：

「小珠，有個詞語含有多種意思，包括表示我現在張嘴跟你說話、大船把我國的貨物運到國外去賣，以及待會兒我們離開博物館要經過的門，都可以用那個詞語來表示。」

小朋友，那是什麼詞語呢？

056 詞語排序

下面的詞語藏了一套特定的規律，
請你試着按次序排列。

冰 / 熱水 / 冷水 / 水蒸氣 / 開水

_____

全部 / 沒有 / 少數 / 一半 / 多數

_____

難度 ★★ ★ ★ ★

能力 選輯　觀察　理解
　　 聯想　記憶

限時
1分鐘

057 填填看

下面的詞語屬於哪個句子呢？

深刻　深厚　簡潔　簡捷

❶ 他們倆從小玩到大，感情很
　＿＿＿＿＿。

❷ 這種算法十分＿＿＿＿＿。

❸ 他的文筆＿＿＿＿＿，深受
大家喜歡。

❹ 我的小學班主任給我留下了
　＿＿＿＿＿印象。

058 找同類

你能把下面的詞語分門別類嗎？

鴿子	彎腰	裙子
踢腿	襯衫	挺胸
麻雀	老鷹	毛衣

鳥類：鴿子、＿＿＿、＿＿＿

動作：＿＿＿、＿＿＿、＿＿＿

＿＿：＿＿＿、＿＿＿、＿＿＿

難度 ★★★★★

能力 （邏輯）（觀察）（理解）

（聯想）（記憶）

限時
2分鐘

059 找近義詞

近義詞是指意義相同或相近的詞語。兩個近義詞往往有一個字是相同的。根據這一點，你能快速把下面詞語的近義詞寫出來嗎？

尊重 _____

簡單 _____

清楚 _____

居然 _____

060 找反義詞

兩個意思相反的詞互為反義詞，例如「尋常」和「非凡」。試一試，你能寫出下列詞語的反義詞嗎？

陌生 _____

　　　　清醒 _____

嚴寒 _____

　　　　親近 _____

難度 ★★★☆☆

能力 （邏輯）（觀察）（理解）

（聯想）（記憶）

限時
3分鐘

061 尋找另一半（一）

有些詞語的另一半失蹤了，它們都是由兩個意思相近的字所組成的，例如「尋」和「找」，組成「尋找」。小朋友，請幫下面的字找回另一半吧。

包 ☐　　躲 ☐

憂 ☐　　歡 ☐

肥 ☐　　甘 ☐

062 尋找另一半（二）

下面的字也丟失了意思相近的另一半，請幫幫它們。

□ 趕

 曲

□ 看

 擺

□ 蜜

 悅

難度 ★★★☆☆

能力　邏輯　觀察　理解
　　　聯想　記憶

限時
3分鐘

063 尋找另一半（三）

還有一組詞語丟失了另一半。這類詞語的兩個字意思相反，例如「始」和「終」，組成「始終」。小朋友，請幫下面的字找回另一半吧。

開 ▢　　冷 ▢

高 ▢　　東 ▢

呼 ▢　　出 ▢

064 尋找另一半（四）

下面的字也丟失了意思相反的另一半，請幫幫它們。

☐ 落	☐ 正
☐ 失	☐ 靜
☐ 小	☐ 過

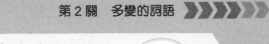

難度 ★★★☆☆

能力 （邏輯）（觀察）（理解）

（聯想）（記憶）

限時
3分鐘

065 風的家族

風是一個大家族，不同的風各有
不同的名字。請拿出你的神筆，
讓下面的風都吹起來吧。

　　□ 風習習

　　□ 風刺骨

□ 風 □ 嘯

　　□ 風 □ 雨

066 我看我看我看看看

下面的詞語中，缺少的都是跟「看」有關的字，你能把它們補充完整嗎？填的字不能重複啊！

俯 ⬜ 眺 ⬜

檢 ⬜ 罕 ⬜

左 ⬜ 右 ⬜

難度 ★★★☆☆

能力 （邏輯）（觀察）（理解）
（聯想）（記憶）

限時
2分鐘

067 我們是一家人

有些詞語的部首是相同的，例如認識、河流。在下面題目中，請先從左邊的框裏取出一個部首，再在右邊的框裏寫一個有相同部首的詞語。

亻　艸　虫

辶　木　糸

例 仿佛

77

068 時間的長度

下面的詞語中，有的表示時間很長，有的表示時間很短，你能分辨出來嗎？

剎那　　　海枯石爛　　　頃刻

永恆　　　萬代　　　窮年累月

曇花一現　　　一眨眼　　　彈指

難度 ★★★ ☆☆

能力 （邏輯）（觀察）（理解）

（聯想）（記憶）

限時
2分鐘

069 各種各樣的「看」

下面的詞語中，表示「看」的字都被抽掉了。你能把它們補回去嗎？填的字不能重複啊！

張 ☐　　注 ☐

博 ☐　　☐ 覺

參 ☐　　看 ☐

070 乾坤大挪移

有些詞語會乾坤大挪移，交換次序後變成另一個意思。你能寫出最少五個會這種功夫的詞語嗎？

牙刷 ➡ 刷牙

達到 ➡ 到達

尋找 ➡ 找尋

難度 ★★★★☆

能力 （邏輯）（觀察）（理解）

限時 3分鐘

（聯想）（記憶）

071 詞語的感情色彩

有些詞語有着相近的意思，但卻有着相反的感情色彩。下面的句子中都有用詞不當的問題，請給標示為橙色的字換上合適的詞語。

❶ 《三國演義》裏的諸葛亮真是老謀深算啊！

❷ 他一毛不拔，非常節儉。

❸ 牛頓是小玉迷信的偶像。

072 寫一寫

請根據下面句子的意思，把關「寫」的詞語補充完整。

照原文一字不漏地寫，

叫作 ☐ 寫

憑記憶把學過的文字寫

出來，叫作 ☐ 寫

用文字把事物形象地表

現出來，叫作 ☐ 寫

82

難度 ★★★★★

能力 （邏輯）（觀察）（理解）
（聯想）（記憶）

限時
3分鐘

073 巧用比喻（一）

- -

小朋友，人體部位可以用來比喻很
多不同的東西呢！請將下面的本義
詞和喻義詞配對起來。

本義詞：手足、心腹、心腸、
臂膀、鬚眉

喻義詞：男子、本性、兄弟、
助手、親信

074 巧用比喻（二）

下面還有更多運用了比喻法的詞語，它們代表什麼意思呢？

本義詞：手腕、眉目、心臟、
脈絡、肝膽

喻義詞：要害、層次、手段、
真誠、頭緒

難度 ★★★★☆

能力 （邏輯）（觀察）（理解）
（聯想）（記憶）

限時
4分鐘

075 父子猜謎

在一個炎熱的夏天，爸爸給小奇出了一道謎題：

不是溪流不是泉，

不是雨露落草間，

冬天少來夏天多，

日曬不乾風吹乾。

小奇聽後想了半天也不知道謎底，你能幫幫他嗎？

076 迎「客」（一）

小麗家裏突然來了很多「客人」。
這些客人各有不同，小麗一下子分
不清楚誰是誰了，你能幫幫她嗎？

地位崇高的客人叫 _____

不經常來的客人叫 _____

遊山玩水的客人叫 _____

購買東西的客人叫 _____

難度 ★★★★★

能力 (邏輯) (觀察) (理解)
(聯想) (記憶)

限時
4分鐘

077 迎「客」(二)

- - - - - - - - - - - - - - - - - -

還有更多客人來了呢，請繼續幫幫
小麗吧。

素不相識的客人叫 _____

遠道而來的客人叫 _____

身在他鄉的客人叫 _____

去寺院燒香的人叫 _____

078 「無」的用處

「無」是一個很有用的字，用它組詞，特別簡潔，例如「沒有理由」可以寫成「無故」。請用「無」組詞，概括下面給出的意思。

沒有關係　　　　沒有過錯

沒有幫助　　　　沒有空閒

沒有生病

難度 ★★★★★

能力 （邏輯）（觀察）（理解）
（聯想）（記憶）

限時
5分鐘

079 禮儀之邦（一）

中國是禮儀之邦，例如問老人年齡時說「高壽」，謙稱自己的兒子為「犬子」。你認識多少謙辭和敬語？來測試一下吧。

詢問別人姓氏時，說 ＿＿＿＿＿

麻煩別人指導時，說 ＿＿＿＿＿

提到別人的父親時，說 ＿＿＿＿＿

提到自己的父親時，說 ＿＿＿＿＿

080 禮儀之邦（二）

還有更多謙辭和敬語呢，你能完成嗎？

提到自己時，說 _____

提到別人的兒子時，說 _____

提到別人的女兒時，說 _____

提到自己家時，說 _____

難度 ★★★★★

能力 （邏輯）（觀察）（理解）
（聯想）（記憶）

限時
5分鐘

081 聞一聞（一）

- -

你知道下面各種各樣的「聞」嗎？

令人驚訝的事情稱為 ☐ 聞

輾轉流傳的事情稱為 ☐ 聞

傳聞而知的事情稱為 ☐ 聞

082 聞一聞（二）

還有更多關於「聞」的詞語呢，來填填看吧。

罕為人知的事情稱為 ☐ 聞

舊時流傳的事情稱為 ☐ 聞

比較重要的事情稱為 ☐ 聞

第 3 關

有趣的成語

083 美好的祝福

下面都是帶有祝福意思的成語，請你補充完整。

長 ☐ 百歲

壽 ☐ 南山

萬 ☐ 無疆

☐ 福齊天

難度 ★☆☆☆☆

能力 （邏輯） （觀察） （理解）
（聯想） （記憶）

限時
1分鐘

084 成語迷宮

下面有一個迷宮，每一塊地磚上都有一個字，只要找到規律，就能走出去，請你來試試吧。

牙	語	重	心	長
牙	學	論	大	篇
闊	海	功	心	悅
天	人	行	賞	目
空	山	人	無	中

085 成語數學題

下面是由成語組成的數學題。試試看，你會做嗎？

$$
\begin{array}{r}
\boxed{}\ \text{龍戲珠} \\
+\ \boxed{}\ \text{字千金} \\
\hline
\boxed{}\ \text{顧草廬}
\end{array}
$$

$$
\begin{array}{r}
\boxed{}\ \text{親不認} \\
-\ \boxed{}\ \text{無所有} \\
\hline
\boxed{}\ \text{光十色}
\end{array}
$$

難度 ★☆☆☆☆

能力 （邏輯）（觀察）（理解）

（聯想）（記憶）

限時
1分鐘

086 「勤奮」的成語

下面的成語都是形容勤奮的意思，
請你補充完整。

自強 ☐ ☐

聞雞 ☐ ☐

☐ ☐ 忘餐

☐ ☐ 不倦

087 成語動物園

成語動物園裏的動物走失了，你能將它
們一一送回自己的住處嗎？

守株待 ☐

氣喘如 ☐

杯弓 ☐ 影

河東 ☐ 吼

難度 ★ ☆ ☆ ☆ ☆

能力 （邏輯） （觀察） （理解）
（聯想） （記憶）

限時
1分鐘

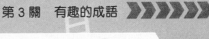

088 填方位變成語

請用表示方位的漢字把下列成語補充完整。

☐ 山再起

茶餘飯 ☐

☐ 行 ☐ 效

☐ ☐ 為難

089 成語植物園

植物們參加化裝舞會。因為蒙着臉，所以被隊友們認錯，你能帶植物們回到它們真正的隊友身邊嗎？

望 萍 止 渴
▲

竹 暗 花 明
▲

勢 如 破 梅
▲

柳 水 相 逢
▲

難度 ★☆☆☆☆

能力　邏輯　觀察　理解
　　　聯想　記憶

限時
1分鐘

090 成語對對碰

下面的成語被分散了，請找一找，
哪些可以組合在一起呢？

百尺竿頭

千里之行

始於足下

各顯神通

八仙過海

更進一步

091 選圖片，填成語

下面右圖中的物品是代表左邊成語中缺少的字，請把它們配對起來吧。

☐ ⬜水馬龍 •　　•

☐ 香門第 •　　•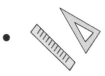

☐ 有所短 •　　•

華 ☐ 初上 •　　•

難度 ★★★★★

能力 （邏輯）（觀察）（理解）（聯想）（記憶）

限時
1分鐘

092 人體拼圖

下面成語的空格內是人體器官或人體某一部分的名稱，你能把它們補充完整嗎？

□ 上明珠

擠 □ 弄 □

虎 □ 熊 □

交 □ 接 □

093 成語美食家

下面的成語都和食物有關，請你補充完整吧。

□炙人口

滄海一□

酒池□林

黃□一夢

難度 ★★☆☆☆

能力 （邏輯）（觀察）（理解）
（聯想）（記憶）

限時
1分鐘

094 勇攀高峯

請把下面的成語填完整，就可以拿到成語山頂的小紅旗。

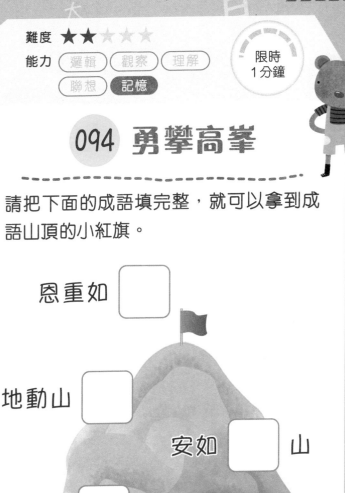

恩重如 ☐

地動山 ☐

安如 ☐ 山

刀山火 ☐

移山填 ☐

095 看圖猜成語

請看下面的示意圖，分別猜出兩個成語。

難度 ★★★★★

能力 (邏輯) (觀察) (理解)
(聯想) (記憶)

限時
2分鐘

096 看數字，猜成語

請仔細觀察以下兩行數字的排列，你能猜出它們各表示哪個成語嗎？

0、1、2、5、6、7、8、9

7
0、1、2、3、4、5、6、9
8

097 奇怪的課程表

新學期伊始，老師發給同學們一張奇怪的課程表。你能看出來，這一天有些什麼課嗎？

第一節課：不計其□　　敏而好□

第二節課：鳥□花香　　下筆成□

第三節課：□姿颯爽　　沉默不□

第四節課：良辰□景　　仁心仁□

難度 ★★★☆☆

能力 （邏輯）（觀察）（理解）
　　 （聯想）（記憶）

限時
2分鐘

098 來自名著的成語

下面的成語都來自中國的名著，請把它們補充完整。

豬八戒扮新娘——其貌不 ☐

劉姥姥進大觀園——少見多 ☐

呂布拜董卓——認賊作 ☐

難度 ★★★☆☆

能力 （邏輯）（觀察）（理解）
（聯想）（記憶）

限時
3分鐘

099 新式成語接龍

小朋友，來玩接龍遊戲吧！規則是：前一個成語的第一個字，必須是後一個成語的最後一個字。

⋯⋯

跟朋友比試，看誰說得最多！

南柯一夢

夢寐以求

開始➡求同存異

難度 ★★★ ☆ ☆

能力 （邏輯）（觀察）（理解）
（聯想）（記憶）

限時
2分鐘

100 比喻法

下面的成語運用了比喻法，請你補充完整。

骨瘦如 ☐

如 ☐ 隨形

守口如 ☐

身輕如 ☐

101 給成語看病

成語醫院來了幾位病人，作為醫生的你能治好它們嗎？

落葉歸跟

技驚四坐

示死如歸

一股作氣

按步就班

嚴陣已待

112

難度 ★★★☆☆

能力 （邏輯）（觀察）（理解）

（聯想）（記憶）

限時
2分鐘

102 首尾同字

你見過首尾同字的成語嗎？請把下面的成語補充完整。

☐ 乎其 ☐

☐ 外有 ☐

☐ 不勝 ☐

☐ 定思 ☐

103 成語音樂會

下面隱藏了一些包含或關於樂器的成語，請你找出來吧。

風	一	日	三	秋	掩
琴	棋	書	畫	譜	耳
提	金	鼓	齊	鳴	盜
非	同	凡	響	金	鈴
音	仙	聽	悅	空	樂

難度 ★★★☆☆

能力 （邏輯）（觀察）（理解）
（聯想）（記憶）

限時
2分鐘

104 歷史人物故事

下面的成語都來自中國古代的故事，請把它們補充完整。

□□ 移山

韓信 □□

□□ 才盡

□□ 效顰

105 成語「多多」

同樣是形容「多」，不同的情況下
卻要用不同的成語。你能完成以下
成語嗎？

例 形容困難多：困難重重

形容人才多：＿＿＿＿＿＿＿＿

形容變化多：＿＿＿＿＿＿＿＿

形容知識多：＿＿＿＿＿＿＿＿

形容話多：＿＿＿＿＿＿＿＿

難度 ★★★★☆

能力 邏輯　觀察　理解
聯想　記憶

限時
4分鐘

106 「舌頭」的成語

下面是和舌頭有關的成語，你認識多少呢？

形容非常口渴：＿＿＿＿＿＿＿

形容人多口雜：＿＿＿＿＿＿＿

形容爭辯激烈：＿＿＿＿＿＿＿

形容驚詫無言：＿＿＿＿＿＿＿

107 成語串燒

請把下面的空缺處填上文字，使其橫豎都成為一個成語。

（提示：成語可以從下至上或右至左。）

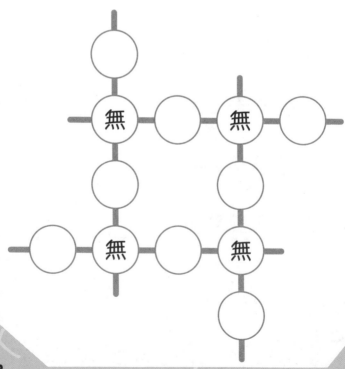

118

難度 ★★★★★

能力　邏輯　觀察　理解
　　　聯想　記憶

限時
5分鐘

108 藏頭成語謎

請在下面空格內填寫一個字，把成語補充完整。然後把該八個字橫向讀出作為謎面，猜一個字。

☐	馬當先	☐	喻戶曉
☐	海為家	☐	是心非
☐	徒四壁	☐	流砥柱
☐	精蓄銳	☐	急跳牆

109 冒險小「虎」隊

下面是一個危機四伏的原始森林，以四人為一組，組成一支冒險隊。每名隊員需要一個帶「虎」字的成語作為代號才能出發。小朋友，你能完成這些帶「虎」字的成語嗎？

			虎
		虎	
	虎		
虎			
虎			
	虎		
		虎	
			虎

虎			
	虎		
		虎	
			虎
			虎
		虎	
	虎		
虎			

難度 ★★★★★

能力 （邏輯）（觀察）（理解）
（聯想）（記憶）

限時
4分鐘

110 用「手」闖關

請根據提示各寫一個含「手」字的成語。

形容高興：＿＿＿＿＿＿

形容容易：＿＿＿＿＿＿

形容親密：＿＿＿＿＿＿

形容慌亂：＿＿＿＿＿＿

111 成語燈謎

在元宵節的晚上，街上到處掛滿了燈籠，上面都寫着一個謎語。請你試試能猜出多少個燈謎吧。

游泳比賽
（猜成語）

九千九百九十九
（猜成語）

蛀書蟲
（猜成語）

答案

第 1 關

001 牛、羊、月、日、水、山、子

002 月、勉、目

003 叫、看、踢、睡

004 占、兔、化、女、止

005 喬

006 艸：芒、芳；氵：海、流；
亻：仁、付（參考答案）

007 弓、亭、奴

008 明天、晴天、星空、花朵

009 薄、厚；長、短；曲、直

010 花、葉、牛、兔

011 化

012 輯、咖、里、語

013 皇、翅、昱

014 假期／真假、和睦／應和、長
短／成長

015 贊成、辦法、書籍、根據

016 未來、和藹、好高騖遠、拾金
不昧

017 尖

018 土、亡、月、火

019 梅、什、休、仔、梅、海、汁、
沐、沁（粵音滲，滲入或透出
的意思）、李、宋（參考答案）

020 「扌」班（拉、拍、抱、把、
抄）；「竹」班（符、筒、管、
笛、等）；「亻」班（他、仁、
仲、仔、佳）

021 赴、起、趙、趕、趣、趟、趨、
趁、走、超、赳

022 王（全）、牛（件）、召（超）、
己（配）

023 呂、品；炎、焱、燚

024 崩、騷

025 一、二、三、十、工、口、王、
土（參考答案）

026 入、末、午、土、江、右、乓、
刀

027 彬

028 囗—日—甲；大—夫—失
土—王—玉（參考答案）

029 心在門中是個「悶」字，表示
那天大畫家心情不好，不想見
客；月在門中是個「閒」字，
表示大畫家那天有空，所以那
個人就趕緊敲門拜訪。

030 男：父、駕、陽、夫、鳳、化
女：母、鴦、陰、妻、凰、妳

031 一、二、十、士、土、干、木、
困、米、口（參考答案）

032 多、多、多、少、少

033 競爭、安裝、練習簿、安詳、
中國功夫、迫不及待

034 雨點、眼淚

035 工（功、空、貢、肛）

036 郭典

037 是老鼠的頭，裏面是

老鼠的牙齒，┣┣ 是老鼠的腳，右下角是老鼠的尾巴。

38 浙、淅（粵音色，例如：雨聲淅瀝）、暫、嶄（粵音斬，例如：嶄新）

39 章

40 凍、洗、汁、汗（參考答案）

41 一和乙；口

42 1. 璧（中孔比較小的圓形玉）

    2. 環（中孔的直徑大約為外圈直徑三分之一的圓形玉）

    3. 玦（粵音決，有缺口的璧或環）

    4. 璜（粵音王，璧的一半）

43 西。規律：這行字隱藏了一、二、三、四、五、六、七。

第 2 關

44 變成了一個新詞：茶杯、線條、花盆、事件

45 房間、紙張、米粒、車輛

46 羊、狗、牛、青蛙

47 春：桃紅柳綠；夏：赤日炎炎；秋：橘黃蟹肥；冬：冰天雪地

48 叢林、奔跑、學習、手舞足蹈（參考答案）

49 雪花、眨眼、渾身發抖、哭起來（參考答案）

50 笑：笑逐顏開、喜極而泣、滿面春風；哭：梨花帶雨、哽咽、泣不成聲

051 只要—就；不論—都；雖然—但是；只有—才；不但—而且

052 拔腿就跑、躡手躡腳、氣喘吁吁

053 及笄：15 歲；黃口：10 歲以下；襁褓：嬰兒；而立：30 歲

054 克己奉公、赤膽忠心、兩袖清風、永垂不朽

055 出口

056 冰、冷水、熱水、開水、水蒸氣；全部、多數、一半、少數、沒有（可把次序倒過來）

057 深厚、簡捷、簡潔、深刻

058 鳥類：鴿子、麻雀、老鷹
動作：彎腰、踢腿、挺胸
衣物：裙子、襯衫、毛衣

059 敬重、簡潔、清晰、竟然（參考答案）

060 熟悉、糊塗、酷暑、疏遠（參考答案）

061 包裹、躲藏、憂傷、歡樂、肥胖、甘甜

062 追趕、彎曲、觀看、搖擺、甜蜜、喜悅

063 開關、冷暖、高低、東西、呼吸、出入

064 起落、反正、得失、動靜、大小、功過

065 涼風習習、寒風刺骨、北風呼嘯、狂風暴雨（參考答案）

066 俯視、眺望、檢查、罕見、左顧右盼

067 葡萄、蝴蝶、追逐、楊柳、紡紗（參考答案）

068 長：海枯石爛、永恆、萬代、窮年累月；短：剎那、頃刻、曇花一現、一眨眼、彈指

069 張望、注視、博覽、察覺、參觀、看見

070 街上、書包、算盤、門前、晴天、黃牛（參考答案）

071 神機妙算、吝嗇 / 小氣、崇拜

072 抄寫、默寫、描寫

073 手足—兄弟；心腹—親信；心腸—本性；臂膀—助手；鬚眉—男子

074 手腕—手段；眉目—頭緒；心臟—要害；脈絡—層次；肝膽—真誠

075 汗水

076 貴客、稀客、遊客、顧客

077 生客、遠客、異客、香客

078 無妨、無辜、無援、無暇、無恙

079 貴姓、請指教、令尊、家父（參考答案）

080 在下、令郎、令愛、寒舍（參考答案）

081 奇聞、傳聞、耳聞

082 秘聞、舊聞、要聞

第 3 關

083 長命百歲、壽比南山、萬壽無疆、洪福齊天

084 牙牙學語、（語）重心長、（長）篇大論、（論）功行賞、（賞）心悅目、（目）中無人、（人）山人海、（海）闊天空

085 雙龍戲珠、一字千金、三顧茅廬；六親不認、一無所有、五光十色

086 自強不息、聞雞起舞、廢寢忘餐、孜孜不倦

087 守株待兔、氣喘如牛、杯弓蛇影、河東獅吼

088 東山再起、茶餘飯後、上行下效、左右為難

089 望梅止渴、柳暗花明、勢如破竹、萍水相逢

090 百尺竿頭，更進一步；千里之行，始於足下；八仙過海，各顯神通

顯神通

1 車水馬龍、書香門第、尺有所短、華燈初上

2 掌上明珠、擠眉弄眼、虎背熊腰、交頭接耳

3 膾炙人口、滄海一粟、酒池肉林、黃粱一夢

4 移山填海、刀山火海、安如泰山、地動山搖、恩重如山

5 自圓其說、口是心非

6 丟三落四、七上八下

7 數學、語文、英語、美術

8 其貌不揚、少見多怪、認賊作父

9 略

10 骨瘦如柴、如影隨形、守口如瓶、身輕如燕

11 跟—根；坐—座；示—視；股—鼓；步—部；已—以

12 微乎其微、天外有天、數不勝數、痛定思痛（參考答案）

13 琴棋書畫、金鼓齊鳴、掩耳盜鈴

14 愚公移山、韓信點兵、江郎才盡、東施效顰

15 人才濟濟、變化多端、學富五車、滔滔不絕（參考答案）

106 口乾舌燥、七嘴八舌、脣槍舌劍、張口結舌（參考答案）

107 無影無蹤、無聲無息、無邊無際、無法無天（參考答案）

108 一家四口，家中養狗；謎底：器

109 生龍活虎、龍潭虎穴、騎虎難下、虎頭蛇尾、虎背熊腰、為虎作倀、狼吞虎嚥、降龍伏虎、虎虎生威、放虎歸山、龍行虎步、雲龍風虎、敲山震虎、龍騰虎躍、如虎添翼、虎視眈眈（參考答案）

110 手舞足蹈、唾手可得、情同手足、手忙腳亂

111 力爭上游、萬無一失、咬文嚼字

《鬥智擂台》系列

謎語挑戰賽 1　　謎語挑戰賽 2　　謎語過三關 1　　謎語過三關 2

IQ 鬥一番 1　　IQ 鬥一番 2　　金牌數獨 1　　金牌數獨 2

金牌語文大比拼：　　金牌語文大比拼：
字詞及成語篇　　　詩歌及文化篇